ARS NATURALIS

WASSERVÖGEL

Die Illustrationen zeichneten
Ludwig Binder, Karl Großmann,
Robert Scholz und Franz Murr
Die Typographie besorgte Thomas Steinkämper
Gesetzt aus der Berthold Novarese durch
Grafikdesign Jauczius & Böwer, Münster
Die Lithographie fertigte
MAD Offset-Reproduktions-GmbH, Münster
Druck und buchbinderische Verarbeitung:
Mohndruck, Gütersloh
Printed in Germany – Imprimé en Allemagne

ISBN: 3-927624-48-9

ARS NATURALIS

Wasservögel

Herausgegeben von Wolfgang Gewalt
Mit Texten von Friedrich Ostenrath

STEDTFELD

Wasser – Wiege und Mittelpunkt allen Lebens – blieb verständlicherweise nicht ausgespart, als sich die artenreiche Vielfalt der Gefiederten von der heißen Wüste bis zu den eisigen Gletschern auszubreiten begann. Das nasse Element hat – im Gegenteil – für die Vogelwelt von jeher eine Vorzugs-Rolle gespielt, in allen Formen und in allen Abstufungen. Sumpfrallen im Röhricht der Moore, Strand- und Uferläufer, trippelnd im Watt, Möwen und Albatrosse über der Brandung, Pinguine in finsterer Tiefsee – keine „ökologische Nische", kein Anpassungstyp wurde vergessen. Als die „Wasservögel" schlechthin freilich gelten von jeher Gänse und Enten, Schwäne und Taucher – eine schnatternde, gründelnde, fischende, fauchende Riesenschar, deren verwirrende Mannigfaltigkeit selbst Fachleute heute immer wieder zum Bestimmungsbuch greifen läßt. Die „Wasservögel" von ARS NATURALIS wurden nicht zu Ansprechübungen, sondern als Beispiele ausgewählt: Beispiel für den Reichtum der Schöpfung, Beispiel für die Faszination moderner Biologie. Unsere nicht mehr wegzudenkende „Verhaltensforschung", die Ethologie, hat mit O. Heinroths Untersuchungen an Entenvögeln begonnen, die

Hawaii-Gans Néné wäre ausgestorben, wäre nicht Zoo-Methodik zu Hilfe gekommen. In unseren Liedern rauschen (tagaktive) Wildgänse durch die Nacht und gehen Schwänzchen in die Höh' – von Leda oder Lohengrin soll gar nicht erst die Rede sein. Aber daß die Brandgans/Brandente von S. trotz des „Fuchs, du hast die Gans gestohlen" manchmal Wohn-Gemeinschaft mit Reineke macht, ist doch ganz interessant, oder?

Wolfgang Gewalt

DAS SCHNATTERNDE VOLK

Da dies, lieber Leser, weder ein Lehr- noch gar ein Bestimmungsbuch zur rund 200 Arten zählenden Welt der Entenvögel sein soll und kann, so lade ich Sie herzlich ein, sich gemeinsam mit mir zu unserem verwunschenen, stillen Weiher zu begeben und uns ein ruhiges Plätzchen im Ufergebüsch zu suchen. Von diesem heimlichen Versteck aus wollen wir einen Blick auf die verzaubernd-vielgestaltigen Lebensäußerungen werfen, die uns das gefiederte Schnattervolk so ganz unbeschwert vor Augen führt. Ich weiß auch schon, wo wir uns treffen können: Fahlgelbe Weidenruten wiegen sich lautlos im Wind und verstellen Neugierigen die Sicht auf uns, ein rauhrindiger Stamm dient uns als Sitz, einige besensteife Binsenbüsche geben den Füßen Halt, und Rohrkolben, Riesensimse und Ästiger Igelkolben versperren seitwärts gerichteten Ein- und Ausblick. Dichte Bestände des flachgrundig wuchernden Froschlöffels sowie dessen nunmehr trockene, samenentleerte, spazierstockhohe Blütenrispen lassen unseren forschenden Augen genügend Zwischenraum und decken mit ihren windschwankenden, sanften Bewegungen unser ungeduldiges Hin und Her. Es ist schon spät im Jahr, die letzten Herbstsonnenstrahlen verlieren an Kraft, Kühle und absterbendes Licht lassen die kalte, alles wandelnde Winterzeit erahnen. Dennoch aber herrscht hohe Zeit bei unserem Entenvolk, denn die erfolgreiche Zeit der Brut- und Jungenaufzucht liegt nun Monate zurück; satte Nahrungsgründe haben Körper und Willenskraft gestärkt, nunmehr einen neuen Anfang zu wagen.

Scheinbar ohne Orientierung bewegen sich unsere Vögel auf der Wasseroberfläche in vielköpfiger Schar hin und her. Doch zunächst gilt es, Ordnung zu schaffen in der Vielfalt der Arten des frisch durchgemauserten Prachtvolkes. Attraktive Schwimm- und Gründelverhältnisse ziehen nicht nur eine einzige Art in ihren Bann; vielmehr bieten derlei günstige Bedingungen einer ganzen Reihe bunt- und schlichtgefärbter Wasservögel Lebensraum. Allen voran setzen sich die kraftvollen, schillerfarbigen Stockenten (Anas plathyrhynchos) gegen lästige Mitstreiter zur Wehr, bei uns hier und jetzt vor allem gegen die ebenfalls in kopfstarker Zahl vertretenen, aber deutlich kleineren Pfeifenten (Anas penelope), deren liebestolle Erpel jetzt in vollem Hochzeitsornat prunken: kastanienbrauner Kopf, die Brust in samtigem Weinrot geschwollen, in auffallendem Gegensatz zum Einheitsgrau des Rumpfes, dessen Hinter-

teil in spitzen schwarz-weißen Federn endet. Den weißen Bauch erkennen wir nur, wenn der selbstgefällige Hochzeiter seiner Verehrten hochaufgereckt Aufwartung macht. Dafür aber stehen die kurzen, runden Federchen der für diese Gründelente so typischen hohen Stirn ganz unverkennbar aufgerichtet in braungelben, satten Farbtönungen. Was bei Menschenmännern der gepflegte Bart signalisieren soll, das übernehmen hier die durch Muskelkraft bewegten, in winzigen Hauttaschen versteckten Federn des Vorderkopfes. Auch die Schnatterenten (Anas strepera) mischen sich unters balzende Volk, wenn auch nicht eben einfach zu erkennen, denn hier fehlt auch dem Erpel das leuchtend farbige Festgewand der hochzeitlich gestimmten Enten-Männer-Welt. Deutliches Abzeichen ist eigentlich nur der weiße Spiegelfleck auf den Flügeldecken, der sowohl beim Schwimmen als auch beim Ruhen in Ufernähe sichtbar wird. Als teilziehender Entenvogel bleiben die Tiere häufig in den gemäßigten oder warmen Brutgebieten daheim, und nur die in kühleren Regionen brütenden Vögel verlassen zur Winterzeit den Ort der Jungenaufzucht in Richtung angenehm temperierter Südländer. Obwohl auch der Gruppe der Gründelenten zugehörig, gründelt diese Art weit weniger als ihre Verwandten, dafür aber beobachten wir an ihr das so eigenartige Durchschnattern der Wasseroberfläche mit eingetauchtem Kopf und weit vorgestrecktem Hals, wobei Nahrung gesucht und aufgenommen wird. Tafel- und Kolbenenten (Aythya ferina und Netta rufina), Spießenten (Anas acuta) und die in dieser schmucken Schnattergemeinschaft selten anzutreffende Schellente (Bucephala clangula) erkennen wir von unserem Versteck aus. Und am jenseitigen Ufer, eigentlich nur mit Hilfe eines Fernglases genau zu bestimmen, verbirgt sich ein Trupp unserer beiden Entenzwerge. Ganz klar sichtbar leuchten die Federfarben an den Schläfen der Erpel, beim einen grünlich irisierend, beim anderen als langgezogener, weißer Überaugenstreif: Krickenten (Anas crecca) und Knäkenten (Anas querquedula) treiben hier ihr verborgenes Spiel. Weitaus schwieriger fällt uns die Bestimmung der weiblichen Vögel, selbst wenn sie, wie hier unmittelbar vor unseren Augen, ihre immer noch allzu unscheinbare, schlichte Hochzeitspracht tragen.

Doch nun genug der schweifend-suchenden Blicke. Wir sind ja nicht in erster Linie deshalb in unser kühl-feuchtes Versteck gekrochen, um Arten zu bestimmen, sondern eigentlich wollten wir zuschauen, was verliebte Entenpaare treiben, wenn sie sich finden, um für die Dauer einer vielmonatigen oder sogar lebenslangen Ehegemeinschaft ihre eigenen Lebensläufe aufeinander abzustimmen. Dazu soll uns die häufige, augenfällige Stockente (Anas plathyrhynchos) Vorbild sein.

Diese Stammform fast aller weltweit verbreiteten Hausentenrassen ist ganz sicher die in ihrem Verhalten am gründlichsten und auch längsten untersuchte Art. Nebenbei – wir hören es klar im scheinbar wirren Durcheinanderschnattern Hunderter nie stillstehender Entenschnäbel – auch eine der stimmfreudigsten. Nur wenige Meter vor unseren Augen bemühen sich zwei um gegenseitige Gunst, und genau bei ihnen beiden wollen wir Zeugen des faszinierenden Balzverhaltens sein. Nur leise sein, bewegungslos verharren, auch wenn die Muskeln schmerzen, denn bei der geringsten Störung wird ein verwickelt ablaufendes Zeremoniell unwillkürlich unterbrochen. Mit pumpend-ruckartigen Auf-ab-Bewegungen von Kopf und Hals umschwimmt der aufgeregte Freier seine Auserwählte, die zunächst noch scheinbar unbekümmert diesem auffälligen Gehabe nichts abgewinnen kann. Ein merkwürdiges Nicken! Genaueres Hinsehen offenbart uns den Grund unserer Verblüffung: Genau entgegen unserer gefühlsmäßigen Erwartung werden Kopf und Hals in schnellen Stößen nach unten, zur Wasseroberfläche hin bewegt, und erst die anschließende Aufwärtsbewegung verläuft in sanft geschwungener Kurve, ganz so, als wollte der Erpel im nächsten Augenblick abheben und das Weite suchen. Doch der zwanghafte Zug zum Weibchen hält ihn auf dem Wasser. Und nach kurzer Einleitung beginnt nun auch die Ente zu „pumpen". Die Dame zeigt sich nicht abgeneigt, wenngleich sie noch spröde auf dem Wasser dümpelt. Doch unser Freier hat diese zarte Zuwendung noch gar nicht recht begriffen, er ist mit einer Reihe von Mitbewerbern um seine scheue Braut beschäftigt. Mit wütend vorgestrecktem Hals, lautem, langgezogenem, einsilbigem Warnlaut versucht er, ihrer Herr zu werden, doch zwischendurch vergißt er auch das „Pumpen" nicht. Noch zwischen zwei triumphierenden Flügelschlägen findet unser verliebter Herr Zeit, den leicht geöffneten Schnabel ganz kurz ins Wasser zu tauchen: ein stark ritualisiertes Verhalten, an dem seine Angebetete die friedliche Absicht ihres Bewerbers erkennen kann. Obwohl in schönstem Ornat prunkend, läßt es sich unser verliebter Wüterich nicht nehmen, sich auffallend häufig zu putzen, die schön geordneten Federn noch ordentlicher übereinanderzulegen, und zwischendurch füllt er den Schnabel mit kleinen Schlucken Wasser, ohne es allerdings hinunterzuschlucken. Plötzlich verschwindet der Kopf zwischen den Schultern. Den weißen Hals-

ring vermögen wir nun nicht mehr auszumachen, die Federn des Untergefieders heben diejenigen des Deckgefieders in die Höhe, während das Rückenkleid gleichmäßig glatt und eng den Körper umschließt. Der nunmehr stark Erregte hebt Brust, Hals und Kopf hoch aus dem Wasser, verharrt und zieht sich anschließend unter heftigem Schütteln zu einem Federknäuel zusammen. Grunzende Pfeiflaute werden hörbar, Wassertropfen werden mit seitlich-löffelnden Bewegungen des Oberschnabels in die Höhe gespritzt, die Herren beherrschen jetzt das Feld. In wippendem Auf und Ab, mal Schwänzchen, mal Köpfchen in die Höhe, packen sich die liebestollen Freier gegenseitig, mit eingezogenem Hals, am Kopfgefieder, schieben sich über die Wasseroberfläche und versuchen gar, mit den Flügeln aufeinander loszudreschen. Die Braut ist vergessen.

Sie selbst aber, die Umworbene, traf längst schon ihre Wahl. Der Kräftige, bunt Herausgeputzte, dessen Flügelspiegel einen ganz besonders grün schillernden Lichtbogen widerspiegelt, der soll es sein; keinem anderen möchte sie Schutz und Verantwortung für sich selbst und die kostbare Brut anvertrauen. Und ihm allein ergibt sie sich nun zum kurzen Paarungsspiel, dem allerdings ein ausgedehntes Nachzeremoniell angefügt wird. Vielleicht wird unsere Ente Glück haben, und sie erkor sich einen Geliebten zum Ehegespons, der weniger flatterhaft ist als der Durchschnitt der Stockentenerpel. Viele nehmen es mit den Pflichten eines treusorgenden Ehegatten nicht so genau, wie bei anderen Entenarten üblich, doch sie wird sicher versuchen, die einmal gewonnene Anziehung durch stete Gunstbeweise frisch und lebendig zu erhalten.

Wir wollen noch sitzen bleiben, schauen und nicht stören. In Kürze wird Gelegenheit sein, klammheimlich unser Versteck zu verlassen, randvoll angefüllt mit Eindrücken und Kenntnissen, die mit offenen Augen und Sinnen überall an unseren mit Federvieh bevölkerten Gewässern gewonnen werden können.

GRAUGANS

Anser anser L.

Familie: Anatidae, Entenvögel

Obwohl diese so unverwechselbare Wildgans in all ihren Lebensäußerungen als nahezu erschöpfend erforscht und beschrieben gelten darf, bleiben ihre freilebenden Bestände in unserer Heimat mehr als dürftig. Hätte nicht der berühmte Verhaltensforscher Konrad Lorenz einen Großteil seiner klassischen Studien zu grundlegenden Erscheinungen sozial lebender Tiere, wie Paarbindung, Bruttrieb und Jungenfürsorge, an diesem so unscheinbaren Vogel gemacht, würde vielleicht kaum jemand außer berufsmäßigen Vogelkundlern von dieser faszinierenden Tierart Kenntnis besitzen. All unsere so form- und farbfreudigen Ziergänse gehen entwicklungsgeschichtlich zurück auf diese einzige noch im mittleren Europa brütende Gans. Stille, unverbaute Dickichte aus Rohr und Schilf verlocken die oftmals in lebenslanger Ehegemeinschaft einander verbundenen Paare zur Brut. Ausgedehnte Weideflächen, ganz in der Nähe, dürfen allerdings nicht fehlen.

RINGELGANS

Branta bernicla L.

Familie: Anatidae, Entenvögel

Ein kräftiger Leib, ein kurzer Hals, kurzer gedrungener Schnabel, kräftige Läufe, dichtes Gefieder, am Halse leicht gerieft, und ein sanft abgerundeter Stutzschwanz gelten als gemeinsame Merkmale der Meergänse, zu denen außer unserer Ringelgans auch noch die Nonnen- und die Rothalsgans zu zählen sind. An den Küsten und Buchten, Inseln und Fjorden des hohen Nordens der Alten und der Neuen Welt fühlt sich der samtschwarz gefärbte Vogel mit dem weißen Hinterteil als Brutvogel heimisch. Diese rauhen Gestade verlassen die Vögel nach erfolgreicher Jungenaufzucht, um in vieltausendköpfigen Fluggeschwadern ihre alljährlichen Züge gen Süden anzutreten. Zu Anfang des Winters erscheinen die kopfstarken Horden dann an unseren Watten und Meeresbänken, und ihr vielstimmiges Rufen übertönt sogar das Rauschen und Donnern der Brandung. Nur selten besucht die Ringelgans als Wintergast das Binnenland, bleibt aber auch hier eng und streng ans Wasser gebunden.

WEISSWANGENGANS

Branta leucopsis Bechst.

Familie: Anatidae, Entenvögel

Kaum größer als ihre nächste Verwandte, die Ringelgans, zeigt die kontrastreich befiederte „Nonnengans" auch alle anderen Merkmale, die den Meergänsen gemein sind. Doch nicht nur das nonnenhafte Habit stand bei der Namengebung Pate. Ganz andere Gedankenverbindungen bewegten die englischsprechenden Länder dazu, ihr eine Bezeichnung zu verleihen, die von der Entenmuschel abgeleitet ist. Dies kommt einem Kuriosum gleich, denn zu Zeiten, als weder Brutgebiete noch gar Jungvögel bekannt waren, hielten schlichte Gemüter diese schalentragenden Weichtiere unbesehen für vogelgleichen Nachwuchs.
Die Nachbarschaft schätzende Gans weidet zur Winterzeit in lautstark schnatternden Scharen auf Salzwiesen und Marschland der mitteleuropäischen Atlantikküsten. In weitaus kleineren Trupps fallen die Paare zu Beginn des Frühsommers in ihre hochnordischen europäisch-asiatischen Brutgebiete ein. Im Freiland keineswegs selten, wird diese hübsche und ausgesprochen umgängliche Gans gern in Menschenobhut gehalten.

HÖCKERSCHWAN

Cygnus olor Gmel.

Familie: Anatidae, Entenvögel

Diese eindrucksvolle, märchenhaft schöne Vogelgestalt dürfte fast jedem Knirps geläufig sein, denn der ursprünglich über Nordeuropa bis Ostsibirien und über die Balkanhalbinsel verbreitete Schwan ist mittlerweile zu einem frei lebenden Haustier unserer Park- und Hafengewässer geworden. Allzeit zur Verteidigung seines Territoriums und seiner Persönlichkeit bereit, stellt der Riesenvogel seine schneeweißen Schwingen, Höckern gleich, kraftvoll drohend über seinem Rücken auf. In dauerhafter ehelicher Gemeinschaft ein Leben lang verbunden, vertreiben die wehrhaften Wesen flügelschlagend und Schnabelhiebe verteilend selbst größere, krallen- und zähnebewehrte Feinde von Nest und Brut. Derart erfolgreich war sein aggressives Gehabe, daß wohl oder übel in von ihm allzu stark besiedelten Flächen die gezielte Jagd nicht ausbleiben konnte.

SINGSCHWAN

Cygnus cygnus L.

Familie: Anatidae, Entenvögel

Der große, grobschlächtige Vogel erhielt zunächst den viel treffenderen Artnamen „musicus", der seinen höchst unterschiedlichen Lautäußerungen, zum Teil jedenfalls, durchaus gerecht wird. Pallas, ein ebenso rühriger und kenntnisreicher Naturforscher wie der große Schwede Linné, schrieb von ihm vor knapp 250 Jahren: „Seine Stimme hat einen lieblichen Klang, wie den von Silberglocken: er singt auch im Fluge und wird weithin gehört." Wir Heutigen, romantischer Schwärmerei abhold, hören mit anderen Ohren: Wir empfinden die kraftvoll kreischenden Trompetenstöße, aus weiter Ferne herübergetragen, bestenfalls als „wohlklingende Geigenlaute". Von allen Schwanenarten gilt ausgerechnet dieser Musicus als zänkischster Vertreter der großen, weißen Gänsevögel.

ZWERGSCHWAN

Cygnus columbianus bewickii Yarrell

Familie: Anatidae, Entenvögel

Der über Europa und Asien verbreitete Zwergschwan gilt als kleinere Unterart des in Nordamerika nördlich des Polarkreises brütenden Pfeifschwans. Gemeinsam mit weiteren Unterarten bilden diese weißen Schwäne, deren Schnäbel keine Aufsätze tragen, dafür aber in Farbe und Gestalt zu unterscheiden sind, eine in Verhalten und Körperbau recht ähnliche Vogelgruppe. Zwergschwäne ziehen am Himmel gleich anderen Schwänen in größeren Gruppen in der so typischen Schräg-Linien-Formation ohne auffallende Fluggeräusche von ihren Rastplätzen zu den satten Weidegründen, in denen sie während vieler Tagesstunden ihre rein pflanzliche Nahrung suchen. Zwar gelten die gut gänsegroßen Vögel alles andere als lautstark, dennoch lassen die um so ruffreudigeren Vögel ihre wohlklingenden Laute bereits in weiter Ferne hören.

BRANDENTE

Tadorna tadorna L.

Familie: Anatidae, Entenvögel

Weder echte Gans noch echte Ente, bereiteten diese in die Gattungsgruppe der Halbgänse verbannten Höhlenbrüter für lange Zeit den spitzfindigen Systematikern manches Kopfzerbrechen. Wie dem auch sei, der nahezu feuerrot und samtweiß befiederte Wasservogel nimmt in wandernden Sanden atlantischer Küstendünen sogar vorlieb mit Kunstbauten aus waagerechten Röhren, in denen die kräftigen Entenvögel willig zur Brut schreiten. So ganz uneigennützig allerdings sind die Bemühungen des Menschen, möglichst viele Brutpaare an einem Ort zu versammeln, durchaus nicht, denn ein Teil der frisch gelegten Eier bereichert als schmackhafte Kost den ohnehin nicht armen Speiseplan unserer Küstenbewohner.

SAMTENTE

Melanitta fusca L.

Familie: Anatidae, Entenvögel

Mit Fug und Recht darf diese mittelgroße, in vornehmes, samtiges Schwarz gekleidete Ente als der ewige Wanderer zwischen zwei höchst unterschiedlichen Lebensräumen angesehen werden. Die in mehreren Unterarten im Norden Eurasiens und im Nordwesten des nördlichen Amerika verbreitete Schönheit aus der nur wenige Arten umfassenden Gruppe der Trauerenten zieht es vor, in heimlicher Verschwiegenheit ihr Nest am Boden von pflanzenumsäumten Süßwasserseen anzulegen. Nach Brut und Aufzucht der Jungen aber verlassen die Eltern diesen heimlichen Flecken im Binnenland, ziehen samt ihrem Nachwuchs hinaus auf die Wogen des Ozeans, um dort den noch verbleibenden Rest des Jahres in Gemeinschaft von Gleichartigen zu verbringen.

EISENTE

Clangula hyemalis L.

Familie: Anatidae, Entenvögel

Diese kleine Meerente mit rundem Kopf und sehr kurzem Schnabel, wie zum Ausgleich dafür aber von kontrastreicher, helldunkler Gefiederfärbung zeigt sich in unseren mitteleuropäischen Breiten allenfalls als Wintergast. Ihre sommerlichen Balz- und Nahrungsgründe liegen versteckt an riedbestandenen Uferstreifen hochnordischer Tundrengewässer. Sie schätzt nicht die Gemeinschaft ihresgleichen, sondern zieht es vor, paarweise einen der unzähligen kleinen und kleinsten Teiche und Tümpel zu beziehen. Außerhalb der Brutzeit verbringen die spitzschwänzigen „Kirren" in kleinen Grüppchen den größten Teil ihrer Zeit auf dem offenen Meere. Der Forscher Wasmuth schildert ihre klangvollen, weit schallenden Stimmen mit folgenden Worten: „Durch den dichten Morgennebel hört man dann ununterbrochen den Morgengesang der verliebten Enten, der, ein melodisches Gequake, fast wie eintönige Hornmusik klingt." Fliegen und Watscheln sind ihnen lästig, dafür aber zeigen die zierlichen Vögel unübertroffene Meisterschaft im Schwimmen und Tauchen.

EIDERENTE

Somateria mollissima L.

Familie: Anatidae, Entenvögel

Auf wenigen nordfriesischen Inseln brütet diese so unverwechselbar pummelig aufgeplusterte Ente mit dem recht flachen Kopfprofil noch. Der weitaus größte Teil der Eidervögel jedoch zieht seinen Nachwuchs in den kühlen Breiten des hohen Nordens Eurasiens und des nördlichen Amerika groß. Natürlich bedarf die Brut eines besonderen Schutzes gegen lebensfeindliches, naßkaltes Klima. Zum Schutz gegen Unterkühlung bauen die schwerfällig watschelnden Vogeleltern aus allerlei wahllos zusammengetragenem Strandgut, Reisig und Steinen ein höchst liederliches Nest, das dafür aber über einer soliden Schicht von Tang, Gräsern oder Strohabfällen um so dichter mit einer wärmeisolierenden Dunenausfütterung ausgekleidet wird. Einen Teil dieser samtweichen, kostbaren Federchen entwendet der ewig frostempfindliche Mensch dem Gelege, um diese so überaus warmmollige Beute ins eigene Kopfkissen und Daunenbett zu stopfen.

GÄNSESÄGER

Mergus merganser L.

Familie: Anatidae, Entenvögel

Nur Eingeweihte würden auf den ersten Blick diese schmuck schillernden Säger für Entenverwandte halten, weichen sie doch in wesentlichen Merkmalen ihres Körperbaus wie auch ihres Verhaltens von der Hauptgruppe der eigentlichen Enten ab. Häufig ziert ein Federschopf den schlanken Kopf, dessen eigentümlich schmaler, fast walzenförmiger Schnabel zu beiden Seiten mit scharfrandigen, kräftigen Zähnchen besetzt ist. Zudem trägt er an seiner lang auslaufenden Spitze einen deutlich abwärts gerichteten Haken. Großzehige Füße tragen breite Hautlappen, die die schneidigen Vögel in Windeseile durch das Wasser schaufeln können. Wenig gesellig, aufmerksam und scheu, dabei aber rauflustig, gehen sie ohne Zögern zum Angriff gegen gleichgroße oder sogar gegen ihnen an Körperkraft weit überlegene Gegner vor. Ihr Wander- und Brutverhalten richten sie nach den örtlichen Gegebenheiten; keinesfalls verlassen sie den ihnen geeignet erscheinenden Lebensraum, sofern nicht widrige Umstände sie dazu zwingen.

Murr
1957

MITTELSÄGER

Mergus serrator L.

Familie: Anatidae, Entenvögel

Stromlinienförmige Körpergestalt und farbenfrohes Gefieder zeichnen alle drei in Europa verbreiteten Sägerarten aus. In der Regel gilt dies allerdings ausschließlich für die Erpel, die in geradezu verschwenderisch prunkvollem Federgewand ihren schlichtfarbenen Weibchen den Hof machen. Pfeilschnell schwimmend erbeuten sie Fische, schlagen ihren Opfern den scharfen Schnabelhaken ins Fleisch und werden aus diesem Grunde von manch einem Fischwirt ungern gesehen. Mittelsäger pflegen ihr dunendunkles Nest am Boden zu bereiten, der nächstverwandte Gänsesäger jedoch zieht die Brut in einer mit hellen Dunen heimelig ausgepolsterten oberirdischen Höhle auf.

ZWERGSÄGER

Mergus albellus L.

Familie: Anatidae, Entenvögel

Überwältigend einfach und schlicht – und gerade deshalb so überzeugend – nähert sich in rein weißem Hochzeitskleid das Männchen seiner auserwählten Schönen. Der samtschwarze Augenfleck, das dunkelgrüne Nackenband sowie die schmalen Binden über Schulter und Flügel beeinträchtigen das fein-vornehme Habit in keiner Weise. In Mittel- und Südeuropa lediglich als Wintergast erscheinend, zwingt ihn uralter Brut- und Wandertrieb gen Norden, wo die Vögel in Asiens unendlichen Weiten einen kurzen Sommer hindurch für Nachwuchs sorgen. Schwankend-wankend bewegt sich der Vogelzwerg höchst ungern nur außerhalb des Wassers, das doch seinen eigentlichen Lebensraum darstellt. Zum Tauchen springt das „Nonnen-Entchen" ganz einfach aus dem Wasser, um nach eleganter Drehung in der Luft kopfüber unter der Wasseroberfläche zu verschwinden. Häufig findet man diesen baumhöhlenbrütenden Säger vergesellschaftet mit der ihm verwandtschaftlich fernstehenden Schellente, ja, es soll sogar schon Bastarde zwischen beiden Arten gegeben haben.

TAFELENTE

Aythya ferina L.

Familie: Anatidae, Entenvögel

Obgleich weder stimmgewaltig noch -freudig, versammeln sich viele Paare zu Beginn der frühjahreszeitlichen Balz häufig vergesellschaftet mit Schwärmen anderer Tauchentenarten, die vorzugsweise die ruhigen Süßwasserseen der gesamten nördlichen Halbkugel bevölkern. Erfahrene Vögel heiraten bereits zur Winterzeit, umgehen damit kräfteverzehrende Auseinandersetzungen mit der starken Konkurrenz zu Beginn der frühsommerlichen Brutsaison und sondern sich zeitig ab vom allgemeinen Hochzeitstrubel der Jüngeren und Spätentschlossenen. Der Vorteil liegt im Auffinden der besten Nistplätze in dichter Vegetation und in einer zügiger ablaufenden Brut, die überlebenskräftigen Nachwuchs verspricht, der aus dem durchschnittlich fünf Eier starken Gelege schlüpft.

Heute spielt diese überhaupt nicht seltene Ente keine Rolle als Jagdwild mehr, ihr Name jedoch erinnert an die Zeit, in der dieser knapp ein Kilo schwere Vogel die Tafeln nicht nur geistlicher und weltlicher Fürsten bereicherte.

KOLBENENTE

Netta rufina Pall.

Familie: Anatidae, Entenvögel

Die Erpel dieser stattlichsten unserer einheimischen Süßwassertauchenten zählen sicher zu den farbenfrohesten Erscheinungen mitteleuropäischer Gewässer, wo die auch treffend als „Rotkopfenten" bezeichneten Meister im Dauer-Tauchen ihre eigenartigen Balzversammlungen abzuhalten pflegen. Mit leise zischenden Lauten verfolgt der kräftige Erpel alles, was nur den Anschein einer entenhaften Weiblichkeit erweckt. Ob artgleich oder nicht, ist ihm zunächst unwichtig. Regelrechte „Vergewaltigungen" artfremder Entendamen sind durchaus an der Tagesordnung. Dennoch findet in der Regel ein jeder der so ungestümen Männer ein passendes Weib, das den Wüterich mit knarrender Stimme besänftigen und auf die rechte Weise verführen kann – jedoch nur für vergleichsweise kurze Zeit, die er obendrein auch nur mit seiner Gattin allein vertändeln will, denn um Brut und Jungenaufzucht kümmert sich fast ausschließlich die Entenmutter selbst.

STOCKENTE

Anas plathyrhynchos L.

Familie: Anatidae, Entenvögel

Die für uns Menschen bedeutsamste Ente dürfte ohne Zweifel die Wild-, März-, Stoß- oder ganz einfach Stockente sein; nicht nur weil dieser plattschnäbelige, bunteste Vertreter der Schwimmenten mittlerweile tief in die Unwirtlichkeit unserer Betonwüsten eingedrungen ist, sondern auch deshalb, weil diese Art zur Stammform aller unserer Hausenten geworden ist. Ursprünglich Zugvogel wie viele andere ihrer Entenverwandten auch, legte ein Großteil ihrer Vertreter die triebhafte Unruhe ganz einfach ab und fand sich – dank hoher Anpassungsfähigkeit – zurecht in so unterschiedlichen Lebensräumen wie stinkenden Abwasserkanälen, verbauten, menschlichen Siedlungen und sommerduftenden Röhrichten unberührter Teichgewässer. So wie sie kaum Ansprüche an ihren Lebensraum stellt, so dürfen wir sie auch zu den gefräßigsten Vögeln überhaupt zählen, deren Nahrungsspektrum von Matsch bis Mango reicht.

Murr

SPIESSENTE

Anas acuta L.

Familie: Anatidae, Entenvögel

Der ohnehin schlanke Körperbau dieser mittelgroßen, auch Pfeil- oder Nadelschwanz genannten Ente wird augenfällig unterstrichen durch die spießartig ausgezogenen Schwanzfedern, die vorzugsweise den in vollem Prachtkleid auftretenden Erpel zieren. Wie so viele ihrer Gattungsgenossen zieht auch sie die hochnordischen gemäßigt-kühlen Regionen der Nordhalbkugel als Brutgebiete den trockenen, warmen, mitteleuropäischen Sommern vor. Eine Vorliebe zeigt auch sie für buschreiche, von Sumpf- und Wasserpflanzen durchzogene Seen, Brüche und Sümpfe, in denen sie nicht nur zur Lust- und Liebeszeit ihre wohltönenden Lautäußerungen vernehmen läßt. Hier trägt der Erpel unter beständigem Kopfheben und Schwanzaufrichten seine sanft pfeifenden Rufe vor, wohingegen die Bräute nur zu rauh knarrenden Quieklauten befähigt sind.

KRICKENTE

Anas crecca L.

Familie: Anatidae, Entenvögel

Den Ruhm, eine der prachtvollsten Entenerscheinungen zu sein, darf diese auch Krugel- oder Wachtelente genannte Bewohnerin rohr- und schilfbestandener, ruhiger Gewässer für sich in Anspruch nehmen. Ursprünglich und schwerpunktmäßig verbreitet im hohen Norden der Alten Welt, hat dieser zurückgezogen und voller Verschwiegenheit lebende Vogel im Laufe der letzten Jahrhunderte seinen Wohnsitz nach Süden und Osten verlagert, wo die Gesellschaft liebenden Trupps sogar die Grenzen des östlichen Nordamerika und des nördlichen Afrika erreichen. Die taubengroßen Zwerge verloben sich bereits im Herbst und bauen nach der winterlichen Hochzeit im Mai ihr muldenförmiges Bodennest, welches das Weibchen mit eigenen Daunenfedern mollig-warm auspolstert.

KNÄKENTE

Anas querquedula L.

Familie: Anatidae, Entenvögel

In ganz Mitteleuropa und in Mittelasien bis weit an die Gestade Kamtschatkas im Osten fühlt sich eine unserer kleinsten gründelnden Enten als Brutvogel heimisch, wenn sie auch zur Winterzeit die unwirtlichen gemäßigten Zonen flieht, um im tropischen Afrika und Asien Kraft und Reserven zu tanken. In oft mehrere tausend Kilometer langen Flügen kehrt sie heim in ihre nördlich gelegenen Brutgebiete. Gar nicht selten zieht sie sich im Schutze der Nacht zurück an schilf- und riedbestandene Teiche. Hier, in tiefer Deckung verborgen, betreuen die Weibchen die regsame Brut, während die Männchen sich nahebei, gut getarnt, in Schilf und Rohr verstecken. Hier mausert der Erpel und verliert für kurze Zeit Flug- und Fluchtmöglichkeiten. Ihr merkwürdiger Name spielt auf die quäkend-schnarrenden Laute an, mit denen sich Eltern und Jungtiere verständigen.

LÖFFELENTE

Anas clypeata L.

Familie: Anatidae, Entenvögel

So recht ein Harlekin unter den vielfältigen Vertretern der formenreichen Entenfamilie, könnte dieser eigenartige Wasservogel durchaus auch „Breitschnabel"- oder „Taschenmaulente" gerufen werden. Nicht nur in Mitteleuropa ist sie heimisch, auch Nordamerika und das zentrale Asien bevölkern diese geselligen Schwimmenten, deren Schnabel in Bau und Form sicher als Anpassung an die Art und Weise ihres Nahrungserwerbs zu betrachten ist. Mit Hilfe eines randständigen, siebfeinen Lamellensystems am Löffelschnabel seihen die häufig in Kiellinie hintereinander schwimmenden Entenvögel mit seitlichen Schnabelbewegungen allerlei Kleintiere und pflanzliche Nahrungspartikel aus den oberen, lichtdurchfluteten Wasserschichten. Keineswegs scheu, läßt sich dieses so auffallend farbenfrohe Federvieh an nicht zu kleinen Teichen und Tümpeln beobachten.

R. Scholz

REIHERENTE

Aythya fuligula L.

Familie: Anatidae, Entenvögel

In feinstem Farbkontrast, einem schimmernd-schillernden Spiel von Hell und Dunkel, geziert mit einem dem Reiherkopfschmuck ähnlichen Federschöpfchen und goldgelben leuchtenden Augen, treffen wir diese nur mittelgroße Tauchente in der kalten Jahreszeit im mittleren Europa an, wo sie markante Farbtupfer auf vereisten Gewässern und verschneiten Uferstreifen zu setzen vermag. Häufig in Gemeinschaft mit Schellenten und Sägern, tummeln sich mitunter ganze Scharen dieser „Schopfenten" auf stillen Teichen und Seen. Ihrer ursprünglichen Heimat nach ein hochnordischer Vogel der Alten Welt, wurde sie dennoch auch als Zugvogel in den Mittelmeerländern und im Norden Afrikas, sogar im fernen Indien gesichtet, von wo sich die Tiere im zeitigen Frühjahr in ihre kühl-gemäßigten Brutreviere zurückbegeben, um das für alle Tauchenten so bezeichnende Balzritual zu eröffnen.

HAUBENTAUCHER

Podiceps cristatus L.

Familie: Podicipedidae, Lappentaucher

Ganz sicher ersetzt die schmucke Federhaube dieses Weltbürgers keine schützende Bademütze, richtet der entengroße Vogel seinen Schopf doch nicht unter, sondern ausschließlich über Wasser auf. Überdies stellen die Vögel den zwei Hörnchen bildenden Federbusch samt dem schmucken, aus langen zerschlissenen Federn gewundenen Kragen nur in Hochzeitsstimmung zur Schau, und auch dann keineswegs in schmeichelhaft werbender Absicht, sondern um Gegnern wie Partnern gleichermaßen zu imponieren. Das Frühjahr und die warme Zeit verbringen die Paare in elterlicher Fürsorge um ihre Brut. Im Herbst aber schließen die Vögel sich gern zu geselligen Gemeinschaften zusammen, um ihre Reise gen Süden, Kälte und Nässe fliehend, zu planen und anzutreten.

ZWERGTAUCHER

Podiceps ruficollis P.

Familie: Podicipedidae, Lappentaucher

Unstreitig sei ihm sein Rang, der kleinste unter den fünf europäischen Süßwassertauchern zu sein. So zierliche Namen wie „Käferentchen“ oder „Duckchen“ weisen darauf hin. Nur im Hochzeitskleid zeigt sich das glänzendschwarze Gefieder des Oberkörpers, wobei die Bauchseite, stets grauweiß dunkel-gewölkt, jeglichen Farbwechsel übersteht. Im Schlichtkleid ersetzt der Zwerg sein schwarzschimmerndes Gewand durch ein unscheinbares, schmutziges Braungrau; selbst Kopf und Hals verblassen zu einem hellen Grau. Unser Zwergsteißfuß wird stets dort angetroffen, wohin sich auch die übrigen Vertreter seiner Tauchersippschaft zur Brut oder zur Überwinterungszeit begeben. Lediglich für Afrikas wohlige Temperaturen zeigt er allein eine deutlichere Vorliebe. Eine Abneigung scheint er gegen allzu klares Wasser zu hegen, da seine Lieblingsmahlzeiten – bestehend aus allerlei Insektenlarven, Schnecken und Würmern – vorwiegend in schlammig-trüben Gewässern anzutreffen sind. Als Meister der Tarnkunst verschwindet er bei drohender Gefahr rasch unter der Wasseroberfläche und läßt nur das kurze Köpfchen aus dichtem Wasserkraut hervorlugen.

PRACHTTAUCHER

Gavia arctica L.

Familie: Gaviidae, Seetaucher

Ihrer weit hinten am Körper ansetzenden Beine wegen wurden in früheren Zeiten Lappen- wie Seetaucher zu einer einzigen Gruppe, der der Steißfüße, zusammengefaßt. Obwohl viele Gemeinsamkeiten zwischen ihnen zu finden sind, dürften beide Vogelsippen nicht näher miteinander verwandt sein. Tragen die Lappentaucher die für sie so typischen Schwimmlappen an den Rändern ihrer Zehen, um beim Rudern die vortreibende Fläche zu vergrößern, so lösen die dickhalsigeren Seetaucher, zu denen auch unser Prachttaucher zu zählen ist, dieses Problem durch die Ausbildung von Schwimmhäuten zwischen den Zehen.

Kristallklare, kalte Seen, verstreut über die unermeßlichen Tundren rund um den nördlichen Pol unserer Erde, sind Brutheimat dieses entengroßen Vogels. Ihr Winterquartier suchen die stimmgewaltigen Zugvögel in den gemäßigten Zonen der Alten und Neuen Welt. Die nestflüchtenden Jungvögel verlassen ihre ufernahen Geburtsstätten bereits am ersten oder zweiten Lebenstag und stehen der Kunst ihrer Eltern, unschlagbare Meister in Tauchfähigkeit und Schwimmausdauer zu sein, wenig nach.

ROTHALSTAUCHER

Podiceps griseigena Bodd.

Familie: Podicipedidae, Lappentaucher

Deutlich kleiner als sein nächster Verwandter, der Haubentaucher, führt der „Rothalssteißfuß“ ein verschwiegenes Leben abseits des Lärms lautlästiger Wasserfreunde. Ganz besonders zur Nistzeit zieht der scheue Tauchkünstler ganz leise über seinen See; überhören jedoch kann man sein an Ferkelquieken und Pferdegewieher erinnerndes Balzgetöse kaum. Unsere naturverbundenen Vorfahren gaben ihm daraufhin zu Recht die Namen „Schweinschreier“ und „Hengst“. Außerhalb der Balzzeit kleidet sich der Rothalstaucher in ein schlichtes Braungrau, weshalb er nur allzu leicht für einen zu klein geratenen Haubentaucher gehalten werden kann. Seit einigen Jahren wird zunehmend von recht kecken Exemplaren berichtet, die in der Nähe menschengemachter Parkgewässer ein weit weniger verborgenes Leben führen sollen.